祝 かんつう
祝!!

だんだんできてくる

アサガオがニョキニョキのびてくるのをかんさつするように、何かが少しずつできあがってくるようすは、わくわくしますよね。

このシリーズでは、まちのなかで目にする「とっても大きなもの」が、だんだん形づくられていくようすを、イラストでしょうかいしています。

できあがるまでに、いろいろな工事がなされていて、はたらく車や大きなきかいがたくさんかつやくし、多くの人びとがかかわっていることがわかります。

一日一日、時間をつみかさねることで、大きなものがだんだんできあがってくるようすを楽しんでください。

だんだん できてくる トンネル

鹿島建設株式会社／監修
武者小路晶子／絵

フレーベル館

もくじ

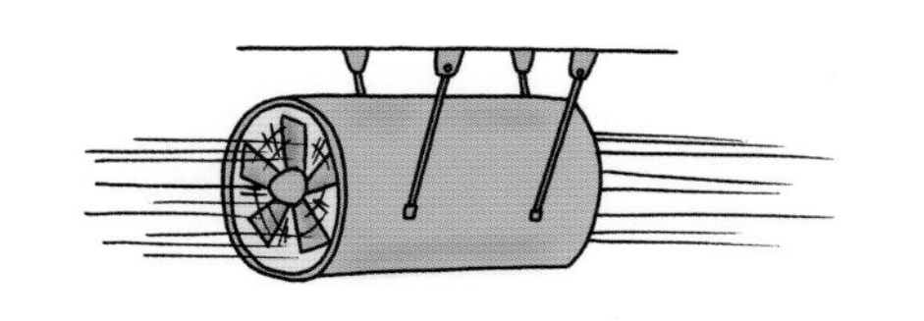

はじめに

くらしのためのトンネル

だれかがここに、トンネルをつくってくれたらいいのになあ。そう思ってしまうような場所があります。

たとえば、目の前に山がそびえ立っていたり、大きな道路が通っていたりするなど、むこうがわに行きたいのに、大きくまわり道をしないといけないようなところです。

でも、トンネルがほしいなあと思っても、かんたんにつくることはできません。「このトンネルをつくったら、しぜんやそこにすむ生きものに、わるいことはおきないか？」「ほんとうに多くの人のためになるのか？」などということを、長い時間をかけて、くりかえしみんなで、考えるひつようがあるからです。

わたしたちのまわりには、数え切れないほどのトンネルがあります。人や車や電車が通るものや、どうぶつのためのもの、地上はもちろん、地下や、海のそこにまで。たくさんのトンネルがほられているのは、やはり、多くの人のためになるものだからなのでしょう。

トンネルのこと、考えたことはありますか？

さて、トンネルをつくることになりました。

どのようにつくられているのでしょうか。

だんだんできてくるようすを、見てみましょう。

トンネルをつくる

ここにトンネルをつくろう。
トンネルがあれば、きっと、みんなが近(ちか)くなる。

ほる前のじゅんび

トンネルをほる場所がきまったら、木を切ったり、ほる面をならしたりする。また、はじめによういしておくものがある。たとえば、工事でつかうざいりょうをおくところや、セメントなどをまぜてコンクリートをつくるプラントというせつびなど。

トンネルのおくまで空気をおくったり、あかりをつけて明るくしたりするための電気をひいておく。

工事がはじまる前にやっておくことがたくさんあるのだ。

トンネル工事にひつような せつび

ぼうじんマスクとヘルメット

工事をする人は、トンネルの中で土や岩をほるときのほこりをすわないように、マスクをして体を守っている。「ぼうじん」は、ほこりをすいこむのをふせぐ、といういみ。

頭を守るヘルメットには、麦わらぼうしのように、ぐるっとつばがある。

出入り口を、つける

いよいよ、ほりはじめる。ほりはじめる場所を「坑口」とよぶ。つまり、トンネルの出入り口だ。その出入り口には、まず、かたいてつをまげて形づくられたアーチをつける。このアーチは「支保工」という。

このあとは、支保工の形に合わせて土をほっていくのだ。

四角もある！

トンネルの出入り口の形はいろいろ。道路なのか線路なのかや、車線の数などでちがった形になります。四角い形もあります。

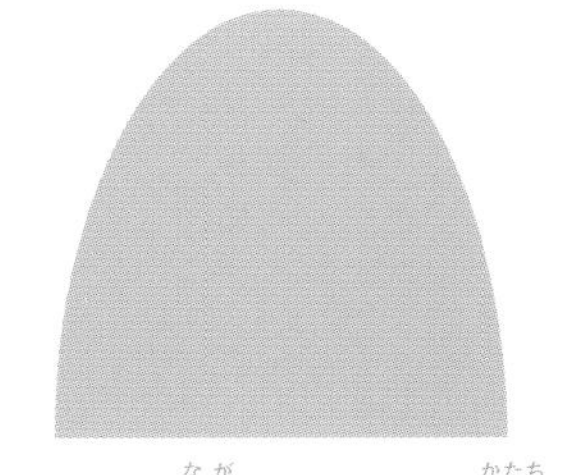

たてに長いまるい形

よこに長いまるい形

四角い形

山のかみさまに、あいさつ

工事中のトンネルの出入り口の上には、かならず「化粧木」をおきます。山のかみさまに「これから山をほります」「どうか工事の安全を守ってください」という気もちをあらわすためです。

化粧木

マツなどの木のりょうはしを、角のようにとがらせたもの。

神社の「鳥居」のような形。

ドリルで あなを あけて…

ほっているところを「鏡面」とよぶ。その鏡面の前に、アームが３本ついた大きな車（じゅうき）がいる。ドドドドッと岩にドリルをさして、あなをあけるのだ。

そのあなへ火薬をつめる。100メートルいじょうはなれてから、ドッカーン！　ばくはして、岩をほる。ばくはのことは「はっぱ」とよぶ。

１回のはっぱで、１～２メートルくらい前にすすむ。

ドリルジャンボ

ドリルのアームがついた車。回転する長いぼうを土や岩などにさしこんで、あなをあける。アームの数は４本までえらべるので、いちどにふたついじょうのあなをあけられる。

電気(でんき)ではっぱ！

ドリルであけたあなに、火薬(かやく)をつめます。火薬(かやく)に長(なが)い電線(でんせん)をつけて、遠(とお)くはなれたところから火薬(かやく)に電気(でんき)を通(とお)してはっぱします。

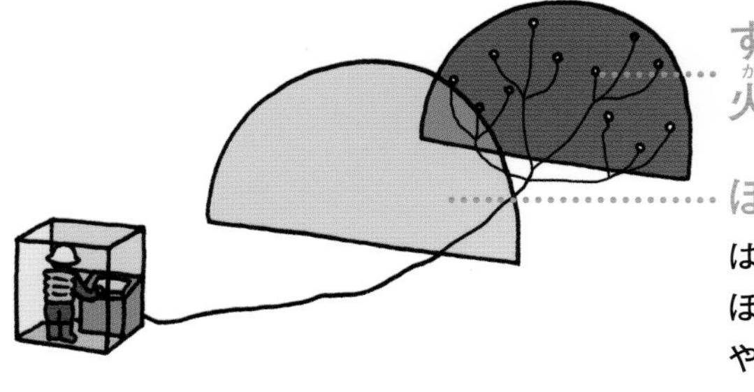
すべてのあなに
火薬(かやく)をつめる
ぼうばくシート
はっぱによる風(かぜ)や
ほこりなどをふせぐシート
や、とびらをつける。

ほったところをかためる

　はっぱすると、「ずり」とよばれる土や岩のかたまりが出る。それらは、ホイールローダーなどであつめてトンネルの外にはこび出す。

　それから、はっぱでゆるんだ岩がくずれてこないように、コンクリートをふきつけ、かためていく。

コンクリートふきつけき

　細いホースから、コンクリートをいきおいよく出して、かべなどにふきつけていく車。コンクリートミキサー車とともにはたらく。

ずりをはこび出す

ずりは、はっぱのたびにたくさん出ます。ダンプトラックにのせられ、ほかの工事げんばなどでつかわれます。

サイドダンプ ホイールローダー

大きなバケットがついた車。ずりをすくってもち上げ、ダンプトラックにのせるのが仕事。せまいところではたらくため、シャベルはよこにたおせるタイプ。

てつのぼうをうちこむ

　コンクリートをふきつけた面に、さらに長いてつのぼう「ロックボルト」をうちこんで、トンネルがくずれないようにする。

　このときもまた、ドリルジャンボが大かつやく。トンネルをつくるには、このじゅうきがかかせない。

ロックボルト

　てつでできた太いぼう。だいたい3～4メートルくらいの長さだ。おもさは、おもいものだと20キログラムもある！　それでも工事げんばではたらく人は、ひとりでもち上げて、あなにさしこんでいる。さいきんは、じどうでうちこむきかいもある。

水が出ることも…

山や地面をほると、もともとそこにあった水がしみ出してくることがあります。その水をふせぐため、トンネルのうちがわのかべには、とくべつなシートをはることが多いのです。

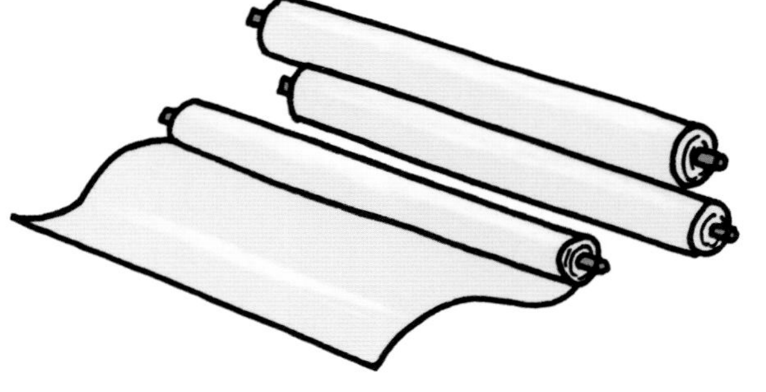

どんどん
ほるぞ！

あなをあける、はっぱする、ずりを出す、コンクリートやロックボルトでかためる……、というさぎょうをくりかえすことで、トンネルのあなは、少しずつ長くなっていく。

長くなったトンネルの中は、くらい。だから、天じょうやかべには、工事ようのあかりをたくさんつけている。

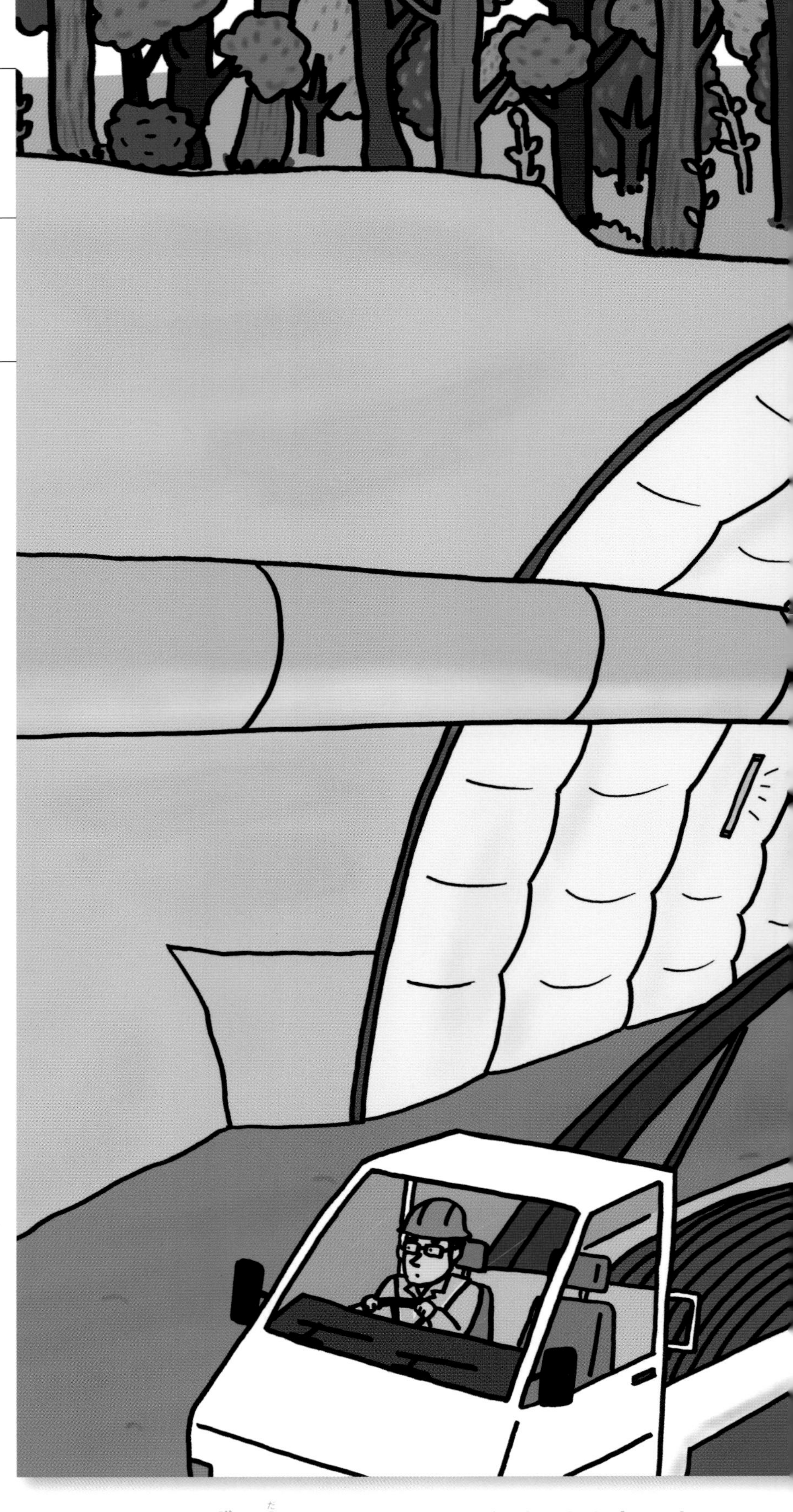

トンネルをほる手じゅん

❹ ロックボルトさしこみ

ほったあとは…

ぼう水(すい)シートをはって、
つぎのさぎょうへ！

むこうが見えた！

坑口のあたりのかべは、きれいなコンクリートでかためられている。いっぽう、おくのほうでは、はっぱやロックボルトなどのさぎょうがつづいていて……あっ！　むこうの光が見えた！

トンネルのあなが、山のむこうにつながった、しゅんかんだ。

おけしょうしましょ！

よく見るトンネルのかべは、すべすべのコンクリートでできていますね。まるで、おけしょうをしているよう。かたわくをつけ、コンクリートをながしこんでかためたものです。

しあげの「ふっ工コンクリート」

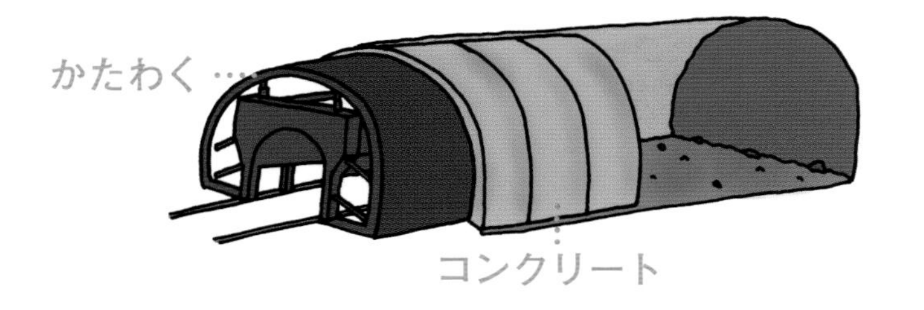

みんなうれしい、かんつう式

　トンネル工事では、むこうがわにつきぬけてつながったとき、とくべつなおいわいをします。
　赤白のぬのをかざったり、くす玉をわったり、うれしくて、みんなニコニコ顔になります。

安全を守るしくみ

すっかりトンネルのすがたができあがった。道路はきれいにしかれ、よく見えるように、あかりもつけられた。

もちろん、安全のためのしくみもよういされている。交通ひょうしきや、ひじょう電話もつけられた。さあ、あとは車が通るのをまつばかり。

ジェットきのエンジン？

ジェットきのエンジンのようなものが、トンネルの天じょうについていることがあります。これは、車から出るはい気ガスをトンネルの外におくるためのそうちです。

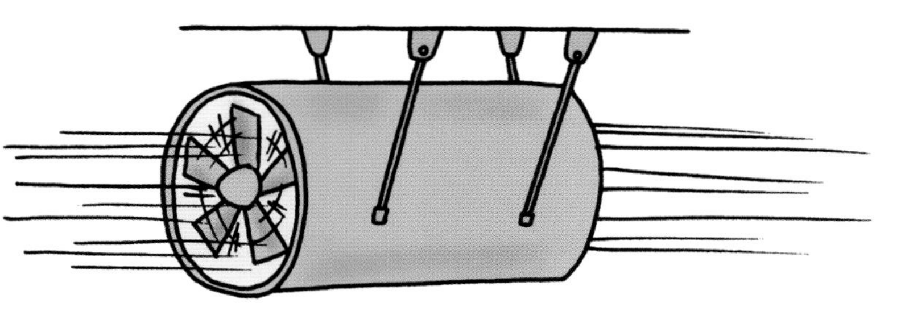

電話はどこにつながる？

　こうそく道路やトンネルなどにある電話は、こまったことがおきたときにつかわれます。受話器をとるだけで、道路をかんりしている会社につながります。

車の音がうるさくても、よく聞こえるしくみになっている。

トンネルができた！
だんだんトンネル
Dandan Tunnel
500m

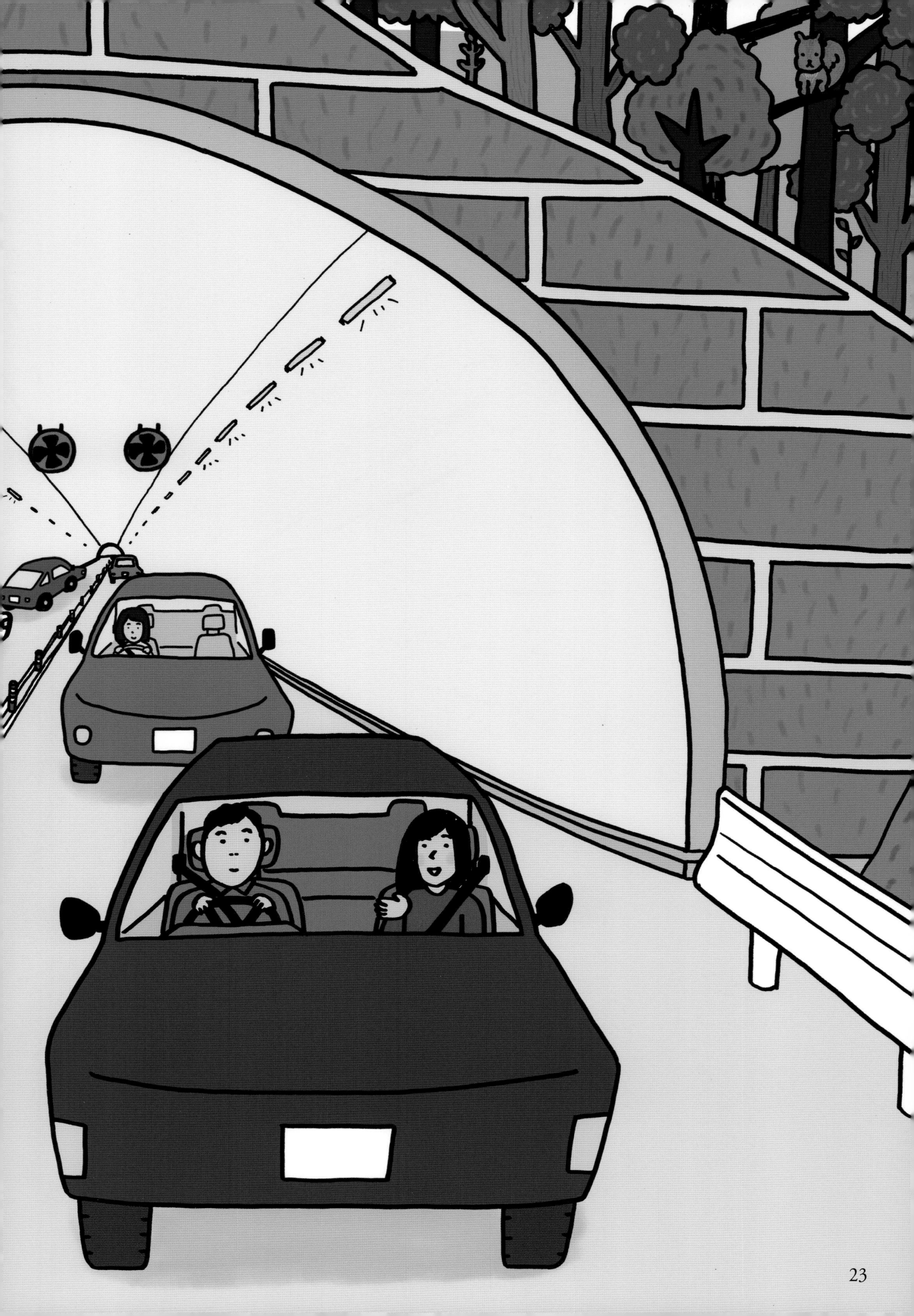

おわりに

トンネルが、せかいをかえる!?

　こうそく道路が通る、りっぱなトンネルができました。
　みじかい時間で遠くまで行けるようになりました。
　山のむこうのまちが近くなっただけでなく、少しはなれたところからも、人がやってくるようになったのです。
　わたしたちのくらしは、べんりになりました。

　山だけでなく、海のそこを通るトンネルもつくられています。海をはさんだ国と国が、トンネルでつながったりもしています。
　もしかしたら、せかいじゅうの国が、トンネルでつながる時代がくるかもしれません。

　みのまわりにあるトンネルを、さがしてみましょう。
　どんなことにつかわれているのか、しらべてみましょう。
　きっと、新しいはっけんがあるはずです！

あれも トンネル！ これも トンネル！

トンネルのはじまり どうくつ

大むかし、人びとは「どうくつ」でくらしていました。どうくつとは、岩山などにしぜんにできた、ほらあなのことです。雨や風をさけられるので、とてもべんりでした。しばらくすると、くらす空間を広げるために、人びとは自分たちでどうくつをほるようになりました。

これが今の「トンネル」へとつながっています。

トンネル？ どうくつ？ 何がちがうの？

どうくつとトンネルのちがいは、入り口と出口がおなじか、べつか、ということです。

入り口と出口がおなじ。

入り口と出口がちがう。

いちばん古いトンネル
川の下を通るトンネル

なんと、今から4000年より前のメソポタミア（今のイラクなど）のバビロンで、川の下を人びとが通るためのトンネルがつくられていたことがわかっています。これが、きろくにのこっているなかでは、せかいでいちばん古いトンネルです。

トンネルをほっている間は、川のながれをかえておき、トンネルができてから川のながれをもとにもどすという、とても大がかりな工事によってつくられました。

おぼうさんの手ぼりトンネル
青の洞門

©HIDEKI NAWATE / SEBUN PHOTO / amanaimages

大分県の耶馬渓という谷にある、青の洞門は、ひとりのおぼうさんが30年かけて、きかいをつかわず手でほったトンネルです。

1735年、禅海というおぼうさんが、耶馬渓をおとずれたとき、きけんながけを命がけでつたい歩く通行人たちを見て心をいため、安全に通行するためのトンネルをほりはじめます。

ほるのにつかったのは、「のみ」と「つち」というふたつの道具だけ。たくはつであつめたお金でやとった石工たちとほりつづけ、1764年にかんせいさせました。

じゅうきがなかったむかしは、岩に刃のついたのみをあて、つちでたたいてほっていた。

人びとのどりょくでできている

とことんせかいのトンネル

神奈川県川崎市にある、トンネルの出入り口。

写真：加藤省二／アフロ

工事に10年かかりました

東京湾アクアラインは、海の上と下を通る、車ようの道路。写真手前にある「海ほたる」は、トンネルと橋が切りかわるところだ。そこから、むこうに見える岸までの海のそこには、長さ10キロメートルのトンネルがある！　とちゅうに見える白いしまは、トンネルをほりはじめる地点のひとつだった。今は、トンネルの中の空気を入れかえるせつびになっている。

写真：原口龍／アフロ

写真手前がイギリスがわの出入り口。右上のえきで車をのせた電車が、まさにトンネルに入ろうとしているところ。

写真：robertharding ／アフロ

フランスがわの出入り口。

写真：ロイター／アフロ

国と国をトンネルがつなぐ

ユーロトンネルはイギリスとフランスをつなぐ、てつ道トンネル。ドーバー海きょうという海のそこにほられている。車は通れないけれど、車ごとのりこめる電車が通るので、毎日、たくさんの人がつかっている。もちろん、人だけがのる電車もある。トンネルを通りぬける時間は、およそ 30 分だ。

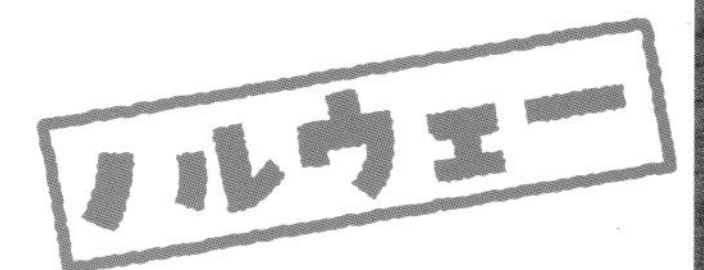

せかいでいちばん長い道路トンネル！

カラフルなライトにてらされたトンネルの中。ここは、道路トンネルでせかい一の長さをほこるラルダールトンネル。このきれいなライトは、6 キロメートルごとにあらわれる。ゆっくり見るために、車をとめるところもある！　トンネルの長さは 24.5 キロメートルもあるので、うんてんしている人がねむくならないよう、つくられたのだ。

写真：AGE FOTOSTOCK ／アフロ

円を書いたところにトンネルがある。
点線はスイスとフランスの国きょう。

Pitchal Frederic / ゲッティイメージズ

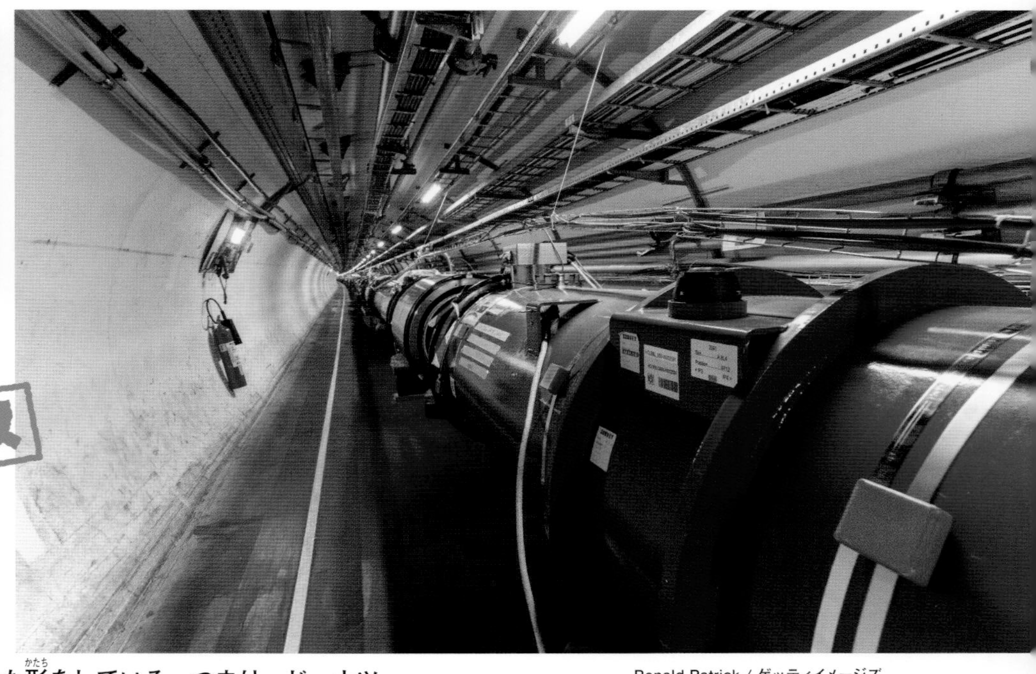

Ronald Patrick / ゲッティイメージズ

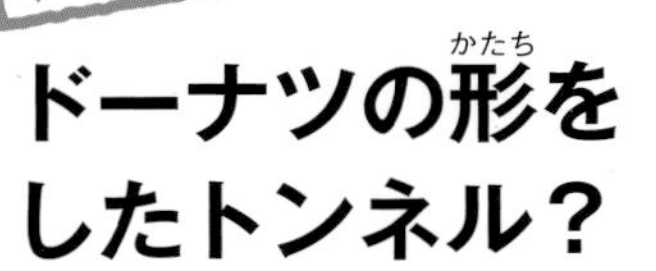

ドーナツの形をしたトンネル？

このトンネルは、出入り口がつながった形をしている。つまり、ドーナツの形。それに、長さはなんと 27 キロメートル！　トンネルの中には、セルン（CERN）というけんきゅうじょの、大きなじっけんようのきかいがおかれている。トンネルは、道路やてつ道でつかわれるだけではないのだ！

トンネル工事でかつやくする

じゅうき 重機

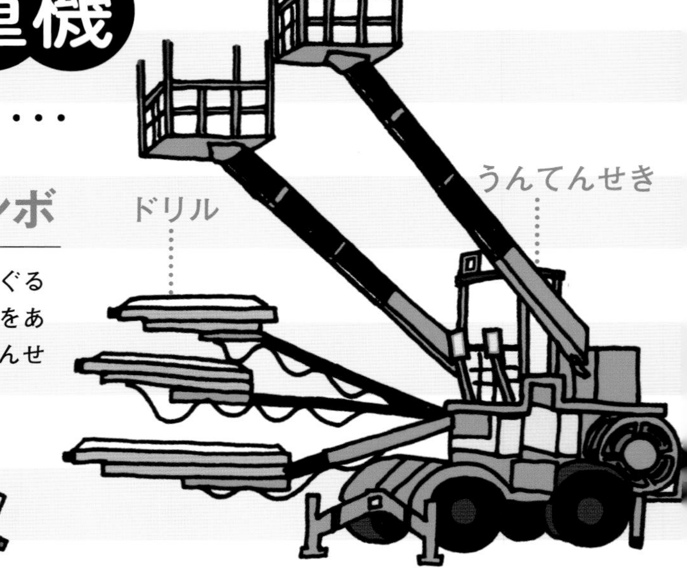

ドリルジャンボ

力強いドリルが、ぐるぐる回ってかたい岩にあなをあける。ドリルはうんてんせきでそうさする。

コンクリートふきつけき

コンクリートミキサー車から生コンクリートがおくられて、はたらく。コンクリートが出るホースのうごきは、はなれたところから、リモコンでそうさできる。

ミキサー

コンクリートミキサー車

ミキサーに入ったコンクリートをぐるぐる回し、かたまらないようにする。

高所さぎょう車

高いところにライトなどをつけるときに、かつやくする。

火薬うんぱん車

はっぱでつかう火薬をはこぶ車。きけんなものだとわかるように、「㊋」のマークをつけるきまりがある。

ユニック車

にもつのつみおろしにつかう、クレーンがついたトラック。

シールドマシン

やわらかい地面や海のそこなどにトンネルをほる、じゅうき。回る刃で土や岩をけずりながら、ほりすすむ。

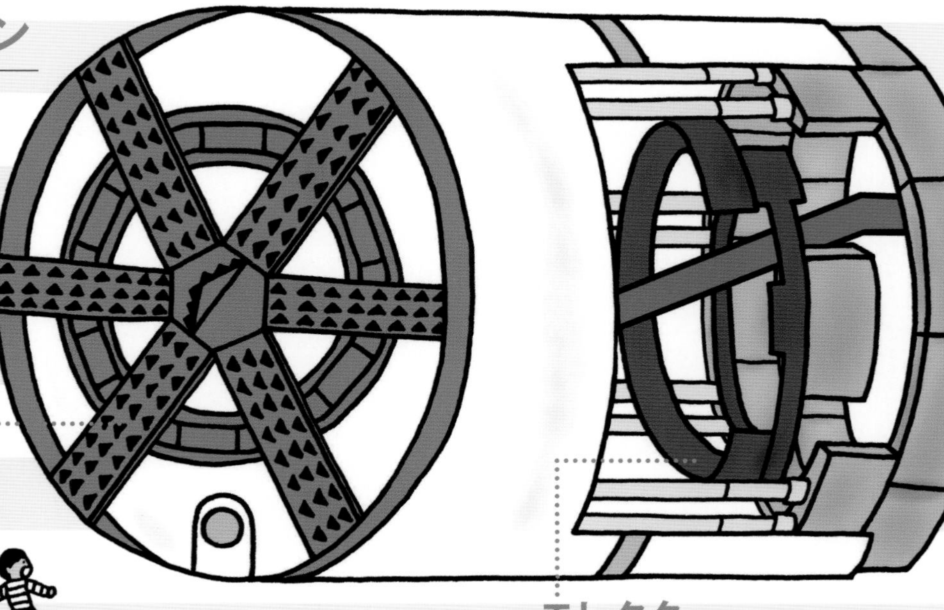

カッタービット

黒いぶぶんの刃のこと。刃はずらりとならんでいて、シールドマシンが前にすすみながらぐるぐる回ることで、ほる。

エレクター

シールドマシンの中にあるきかい。ほったあなに、セグメントというコンクリートなどのかべをはりつけて、トンネルができあがる。

シールドマシンでトンネルをほる

どろ水をあつめるせつび。
エレクターでコンクリートなどのかべになるセグメントをつけていく。
どろ水を地上におくるパイプ。
セグメント
カッタービットでほっていく。
ここがシールドマシン！

立坑

トンネルをほりはじめるために地面にあけたあなのこと。ここからきかいやざいりょうをはこびこんだり、さぎょうする人が出入りしたりする。

クレーンなどで地上からセグメントを下ろす。

エレクターまでセグメントをはこぶ。

［監修］鹿島建設株式会社
https://www.kajima.co.jp/

［イラスト］武者小路晶子

福岡県生まれ、東京都在住。筑波大学理工学群、MJイラストレーションズ卒業。見た人に、ふふっと笑ってもらえるような、面白みのあるイラストレーションを目指している。「まちづくり」を学んでいたことから、街並みや建造物、群像を描くことを好み、その表現に結びつく、建物・土木建造物の鑑賞、人間観察は趣味でもある。また、絵日記や刺繍などの作品も手がけている。

［装丁・本文デザイン］
FROG KING STUDIO（近藤琢斗、網島佳奈、森田直）

だんだんできてくる③

トンネル

2020 年 2 月　初版第 1 刷発行
2024 年 11 月　初版第 4 刷発行

［発行者］吉川隆樹

［発行所］株式会社フレーベル館
〒 113-8611 東京都文京区本駒込 6-14-9
電話　営業 03-5395-6613 編集 03-5395-6605
振替　00190-2-19640

［印刷所］株式会社リーブルテック

NDC510 ／ 32 P ／ 31 × 22 cm
Printed in Japan
ISBN 978-4-577-04806-1

乱丁・落丁本はおとりかえいたします。
フレーベル館出版サイト
https://book.froebel-kan.co.jp

だんだんできてくる

［全8巻］

できていくようすを
定点で見つめて描いた
絵本シリーズです

「とても大きな建造物」や
「みぢかなたてもの」、
「たのしいたてもの」が
どうやって形づくられたのかが
わかる！

1 道路
監修／鹿島建設株式会社
絵／イケウチリリー

2 マンション
監修／鹿島建設株式会社
絵／たじまなおと

3 トンネル
監修／鹿島建設株式会社
絵／武者小路晶子

4 橋
監修／鹿島建設株式会社
絵／山田和明

5 城
監修／三浦正幸
絵／イケウチリリー

6 家
監修／住友林業株式会社
絵／白井匠

7 ダム
監修／鹿島建設株式会社
絵／藤原徹司

8 遊園地
監修／株式会社東京ドーム
絵／イスナデザイン

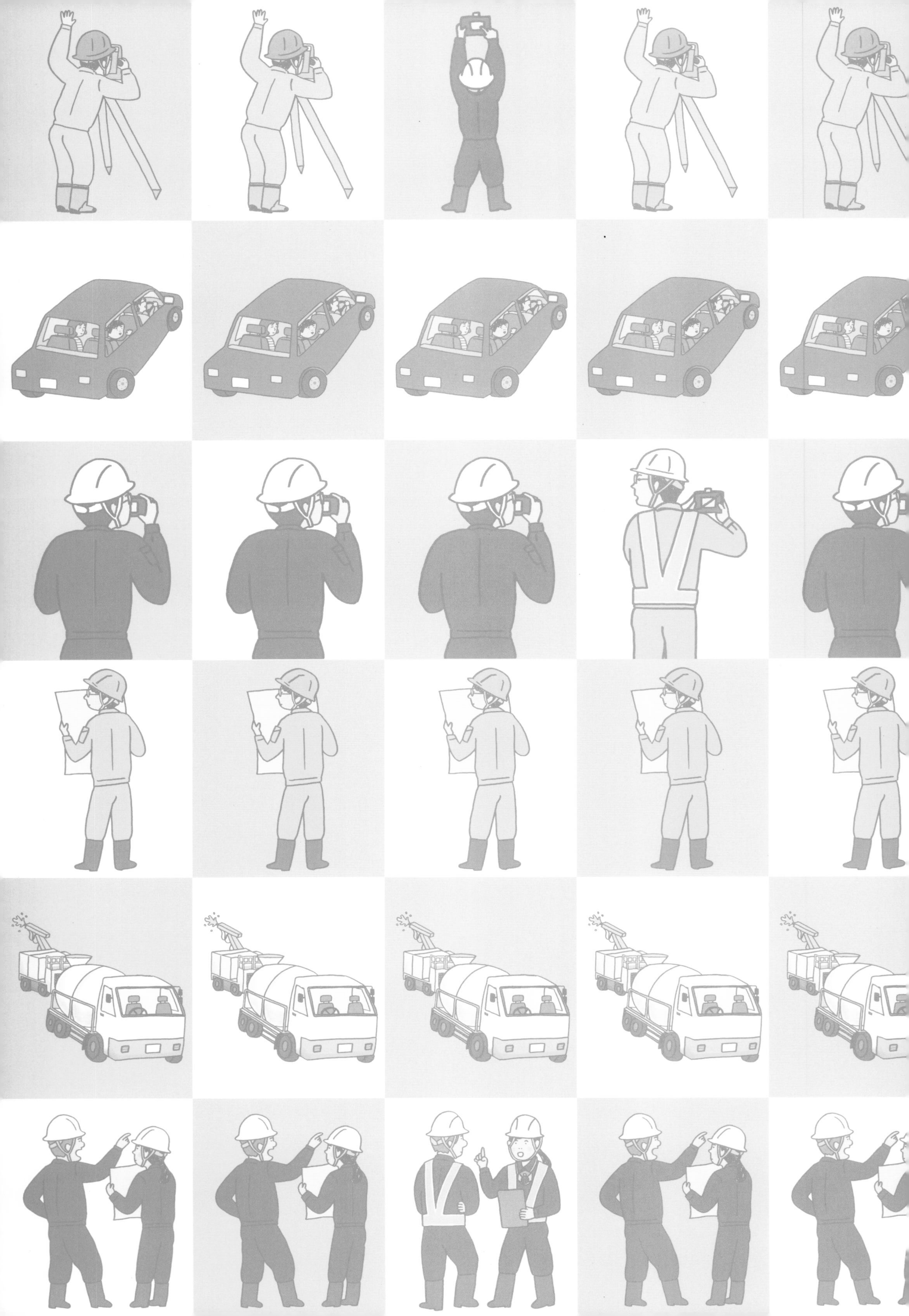